Fernanda Gutiérrez
Liz Luna

Convergencia Digital

Fernanda Gutiérrez
Liz Luna

Convergencia Digital

Donde la Ingeniería de Sistemas Potencia la Productividad Industrial

Editorial Académica Española

Imprint
Any brand names and product names mentioned in this book are subject to trademark, brand or patent protection and are trademarks or registered trademarks of their respective holders. The use of brand names, product names, common names, trade names, product descriptions etc. even without a particular marking in this work is in no way to be construed to mean that such names may be regarded as unrestricted in respect of trademark and brand protection legislation and could thus be used by anyone.

Cover image: www.ingimage.com

Publisher:
Editorial Académica Española
is a trademark of
Dodo Books Indian Ocean Ltd. and OmniScriptum S.R.L publishing group

120 High Road, East Finchley, London, N2 9ED, United Kingdom
Str. Armeneasca 28/1, office 1, Chisinau MD-2012, Republic of Moldova, Europe
Printed at: see last page
ISBN: 978-613-9-06922-4

Convergencia Digital

Donde la Ingeniería de Sistemas Potencia la Productividad Industrial

La convergencia digital está transformando la industria, y la ingeniería en sistemas es la clave para optimizar procesos, maximizar la productividad y enfrentar los desafíos del futuro. Este libro te guiará para aprovechar estas tecnologías y dar el siguiente paso hacia la innovación industrial. ¡El futuro comienza ahora!

Según un informe del Foro Económico Mundial (2020), se proyecta que más del 75% de las empresas habrán implementado tecnologías digitales para 2025. Esta transformación no solo afecta a las empresas, sino también a la vida cotidiana de las

Convergencia Digital: Donde la Ingeniería de Sistemas Potencia la Productividad Industrial

Capítulo I

La convergencia digital ha emergido como un fenómeno transformador en el ámbito industrial, catalizando cambios profundos en la manera en que las empresas operan y compiten. Este proceso no solo involucra la adopción de tecnologías avanzadas, sino que también implica una reconfiguración de los modelos de negocio y una redefinición de las relaciones entre los distintos actores dentro de la cadena de valor. En este contexto, la ingeniería en sistemas se presenta como una disciplina clave que potencia la productividad industrial al integrar tecnologías digitales con procesos operativos, facilitando así una gestión más eficiente y efectiva de los recursos.

La ingeniería en sistemas se centra en el diseño, implementación y mejora continua de sistemas complejos que integran personas, procesos y tecnología. Este enfoque multidisciplinario permite a las organizaciones adaptarse a un entorno empresarial cada vez más dinámico y competitivo. La convergencia digital, al combinar elementos de la ingeniería industrial y la ingeniería en sistemas, abre nuevas oportunidades para optimizar procesos, reducir costos y mejorar la calidad del producto final.

A medida que las empresas adoptan tecnologías como el Internet de las Cosas (IoT), la inteligencia artificial (IA), el análisis de datos y la automatización, se vuelve evidente que el papel del ingeniero en sistemas es crucial para garantizar que estas herramientas se utilicen de manera eficaz. La capacidad de analizar grandes volúmenes de datos en tiempo real permite a las organizaciones tomar decisiones informadas y anticipar problemas antes de que se conviertan en crisis. Esto es especialmente relevante en un contexto donde la eficiencia operativa y la capacidad de respuesta son factores determinantes para el éxito empresarial.

La Convergencia Digital: Un Cambio Paradigmático

La convergencia digital es un proceso clave en la era tecnológica moderna, caracterizado por la integración y unificación de múltiples tecnologías digitales para permitir una interconexión fluida y continua entre dispositivos, sistemas, procesos y plataformas. Este fenómeno ha sido impulsado por avances significativos en varias áreas tecnológicas, como la computación en la nube, que ofrece almacenamiento y procesamiento de datos de forma accesible y escalable; el big data, que permite analizar grandes volúmenes de datos para obtener información valiosa; el Internet de las cosas (IoT), que conecta dispositivos físicos a redes digitales, y la inteligencia artificial (IA), que permite automatizar y optimizar procesos mediante el análisis de datos y el aprendizaje automático.

Gracias a estos desarrollos, la convergencia digital ha permitido que empresas y organizaciones integren operaciones, mejoren la eficiencia y ofrezcan experiencias personalizadas a sus clientes. Según un informe del Foro Económico Mundial (2020), se proyecta que para 2025, más del 75% de las empresas habrán implementado tecnologías digitales en sus operaciones diarias, lo cual subraya la importancia y el impacto de esta transformación. Esta convergencia no solo transforma la manera en que operan las empresas, sino que también afecta la vida cotidiana de las personas, permitiéndoles interactuar con dispositivos y servicios de formas nunca antes imaginadas, promoviendo una mayor conectividad y accesibilidad a nivel global.

Impacto en el Sector Industrial

El sector industrial ha sido profundamente transformado por la convergencia de tecnologías digitales, la cual ha introducido una nueva era de interconexión y automatización en los procesos productivos. Uno de los ejemplos más claros de este cambio son las fábricas inteligentes, conocidas también como "smart factories". Este tipo de fábricas representa el paradigma de la Cuarta Revolución Industrial o "Industria 4.0", al integrar sensores conectados, sistemas ciberfísicos y análisis avanzado de datos para maximizar la eficiencia y adaptabilidad de la producción (Jeschke et al., 2017). Como lo señalan diversas investigaciones, la digitalización y automatización de las fábricas permiten que las empresas no solo mejoren sus operaciones, sino que también se adapten rápidamente a las condiciones cambiantes del mercado (Lee et al., 2015).

En este contexto, la ingeniería en sistemas ha adquirido un rol estratégico, ya que es fundamental en el diseño e implementación de estos sistemas ciberfísicos. Según Xu y Duan (2019), los ingenieros de sistemas están a la vanguardia de la creación de arquitecturas robustas que permitan la interoperabilidad y la seguridad de los datos en entornos industriales digitales. La implementación de estas tecnologías permite a las empresas industriales mejorar su eficiencia operativa mediante varios mecanismos clave, como se detalla a continuación:

Reducción de costos: La automatización de tareas repetitivas y el uso eficiente de los recursos son factores que contribuyen directamente a la reducción de los costos operativos. Al eliminar procesos manuales y reducir errores, las fábricas inteligentes disminuyen el tiempo y los materiales desperdiciados. Un estudio de Kiel et al. (2017) muestra que la digitalización puede reducir los costos operativos hasta en un 30 % mediante la optimización del consumo de energía y la mejora en el mantenimiento predictivo, lo cual reduce las paradas imprevistas de producción.

Mejora de la calidad: Los sistemas digitales permiten realizar un monitoreo en tiempo real de cada etapa del proceso productivo, lo cual contribuye a una mejora continua de la calidad. Al integrar sensores avanzados y algoritmos de análisis predictivo, las fábricas inteligentes pueden detectar y corregir fallas antes de que afecten el producto final, lo que resulta en menos defectos y una mayor satisfacción del cliente (Zhong et al., 2017). Según los autores, esta capacidad para controlar la calidad en tiempo real representa una ventaja considerable frente a los métodos tradicionales de aseguramiento de calidad, que suelen ser reactivos y menos eficientes.

Flexibilidad: La adaptabilidad es crucial en un mercado cada vez más volátil y demandante. Las fábricas inteligentes, al contar con sistemas interconectados y flexibles, pueden ajustar rápidamente sus procesos de producción en respuesta a cambios en la demanda o a innovaciones en los productos. Estudios recientes han demostrado que esta flexibilidad es esencial para mantener la competitividad en la era digital, especialmente en sectores como la automoción y la electrónica, donde los ciclos de vida de los productos son cada vez más cortos (Reinhart & Gausemeier, 2018).

En resumen, la transformación digital del sector industrial no solo ha mejorado la eficiencia operativa, sino que ha redefinido la manera en que se conciben y gestionan los procesos productivos. La convergencia de tecnologías digitales y el rol fundamental de la ingeniería en sistemas apuntan a un futuro donde las fábricas inteligentes sean el estándar y no la excepción, beneficiando tanto a las empresas como a los consumidores finales.

El Rol Fundamental de la Ingeniería en Sistemas

Diseño e Implementación de Sistemas

La ingeniería en sistemas se ocupa del diseño e implementación de soluciones tecnológicas que integran hardware, software y procesos humanos. Esto incluye desde el desarrollo de software específico para la gestión industrial hasta la implementación de sistemas ERP (Enterprise Resource Planning) que permiten una visión integral del negocio. Los ingenieros en sistemas deben poseer habilidades técnicas sólidas así como una comprensión profunda del contexto industrial para poder diseñar soluciones efectivas.

Ejemplo: Implementación de un Sistema ERP

Un caso práctico podría ser la implementación de un sistema ERP en una empresa manufacturera. Este sistema permite integrar diferentes áreas como producción, finanzas y recursos humanos, facilitando así una comunicación fluida entre departamentos. Los ingenieros en sistemas son responsables no solo del diseño técnico del sistema, sino también de su adaptación a las necesidades específicas de la empresa.

Análisis y Mejora Continua

El análisis constante es otro aspecto crítico donde los ingenieros en sistemas aportan valor significativo. Utilizando herramientas avanzadas de análisis de datos y técnicas estadísticas, pueden identificar patrones y tendencias que no son evidentes a simple vista. Esto permite realizar ajustes proactivos en los procesos productivos.

Ejemplo: Mantenimiento Predictivo

Un ejemplo claro es el mantenimiento predictivo, donde se utilizan sensores IoT para monitorear el estado de las máquinas en tiempo real. Los datos recopilados permiten predecir cuándo es probable que ocurra una falla, lo que permite programar mantenimientos antes de que se produzcan paradas inesperadas. Este enfoque no solo reduce costos asociados con tiempos muertos sino que también prolonga la vida útil del equipo.

Metodologías Ágiles y Mejora Continua

Principios Ágiles

Las metodologías ágiles han ganado popularidad dentro del ámbito industrial debido a su enfoque centrado en el cliente y su capacidad para adaptarse rápidamente a cambios. Estas metodologías permiten a las organizaciones responder con agilidad a las demandas del mercado mientras mantienen un enfoque constante en la mejora continua.

Lean Manufacturing

El Lean Manufacturing es una metodología que busca eliminar desperdicios dentro del proceso productivo. Los ingenieros en sistemas pueden aplicar principios lean para optimizar flujos de trabajo, reducir tiempos muertos y mejorar la calidad general del producto. Al integrar estas prácticas con tecnologías digitales, las empresas pueden alcanzar niveles superiores de eficiencia.

Six Sigma

Por otro lado, Six Sigma es otra metodología enfocada en mejorar la calidad mediante el control estadístico de procesos. Al combinar Six Sigma con herramientas digitales avanzadas, los ingenieros pueden realizar análisis más precisos y desarrollar soluciones basadas en datos concretos.

Desafíos y Oportunidades

Desafíos Tecnológicos

A pesar de los beneficios evidentes que ofrece la convergencia digital, existen desafíos significativos que deben ser abordados. La rápida evolución tecnológica puede generar incertidumbre sobre qué soluciones adoptar o cómo implementarlas efectivamente. Además, muchas empresas enfrentan dificultades para integrar nuevas tecnologías con sistemas existentes.

Oportunidades Laborales

Sin embargo, estos desafíos también representan oportunidades significativas para los profesionales del área. La demanda por ingenieros especializados en sistemas digitales está aumentando rápidamente. Las empresas buscan expertos capaces no solo de implementar tecnologías avanzadas sino también de liderar iniciativas estratégicas que integren estas herramientas dentro del modelo operativo existente.

Tabla 1.

Comparación entre Ingeniería en Sistemas e Ingeniería Industrial

Aspecto	Ingeniería en Sistemas	Ingeniería Industrial
Enfoque Principal	Diseño e implementación de sistemas tecnológicos	Optimización y gestión de procesos productivos
Habilidades Técnicas	Programación, análisis de datos	Gestión operacional, control estadístico
Metodologías Utilizadas	Agile, Scrum	Lean Manufacturing, Six Sigma
Objetivo Final	Integración efectiva tecnología-proceso	Mejora continua y eficiencia operativa
Áreas Laborales	Desarrollo software, gestión IT	Producción industrial, logística

La Intersección entre Ingeniería Industrial e Ingeniería en Sistemas

La convergencia digital no solo transforma los procesos industriales; también redefine cómo interactúan las disciplinas dentro del ámbito técnico. La ingeniería industrial tradicionalmente se ha centrado en optimizar procesos físicos y logísticos; sin embargo, al incorporar principios tecnológicos propios de la ingeniería en sistemas, se abre un espectro más amplio para abordar problemas complejos.

Innovaciones Tecnológicas Aplicadas

Las innovaciones tecnológicas han transformado profundamente la manera en que las industrias abordan sus desafíos, permitiendo enfoques más precisos y eficientes para resolver problemas complejos. Entre estas innovaciones destacan el Big Data, la Inteligencia Artificial (IA) y el Internet de las Cosas (IoT), cada una de las cuales ha desempeñado un papel crucial en la evolución de los procesos productivos y en la toma de decisiones.

Big Data: El análisis masivo de datos permite a las organizaciones industriales tomar decisiones basadas en patrones históricos y en el comportamiento de los datos en tiempo real. La capacidad de recopilar y analizar grandes volúmenes de información ayuda a identificar tendencias y patrones ocultos que serían imposibles de detectar con técnicas convencionales. Según Chen et al. (2014), el Big Data en el ámbito industrial es una herramienta esencial para la optimización de procesos, ya que permite realizar análisis predictivos y adaptar la producción en función de variables clave. Esto se traduce en decisiones más informadas y en una mayor capacidad para anticiparse a problemas antes de que ocurran, lo cual es fundamental en entornos de producción de alta demanda.

Inteligencia Artificial (IA): La IA, particularmente mediante el uso de algoritmos predictivos y aprendizaje automático, ha revolucionado la optimización de las cadenas logísticas y de suministro. Los sistemas de IA pueden analizar grandes cantidades de datos en tiempo real, predecir interrupciones en la cadena de suministro y recomendar rutas o tiempos óptimos para el envío de productos (Pan et al., 2019). Esta capacidad para realizar predicciones precisas y ajustar los flujos logísticos de manera dinámica permite reducir costos y aumentar la eficiencia de las operaciones. En palabras de Nguyen et al. (2020), "la inteligencia artificial en la logística no solo mejora la eficiencia, sino que también permite una mayor resiliencia en la cadena de suministro, adaptándose a cambios inesperados con rapidez."

Internet of Things (IoT): La tecnología IoT permite conectar dispositivos y sensores a la maquinaria industrial, permitiendo un monitoreo en tiempo real de los equipos y procesos productivos. Al utilizar dispositivos conectados, las empresas pueden monitorear parámetros cruciales como la temperatura, la vibración y el consumo de energía, lo que ayuda a prever fallos y programar mantenimientos de manera eficiente (Wortmann & Flüchter, 2015). Este monitoreo constante ayuda a reducir los tiempos de inactividad y a extender la vida útil de las máquinas, contribuyendo a una producción más estable y eficiente.

Estas herramientas tecnológicas no solo incrementan la eficiencia operativa, sino que también fomentan una cultura organizacional basada en datos, donde cada decisión puede ser respaldada por análisis cuantitativos. Al fomentar esta cultura, las empresas logran una mayor transparencia en sus procesos y pueden fundamentar sus estrategias en datos objetivos en lugar de depender únicamente de la experiencia o intuición. Como destacan Davenport y Harris (2017), "una cultura de datos permite a las organizaciones ser más ágiles y tomar decisiones de negocio que están respaldadas por hechos en lugar de suposiciones, lo cual es clave en un entorno industrial en constante cambio."

Caso 1: Fábrica Inteligente

Una empresa automotriz global implementó un sistema IoT para monitorear sus líneas de producción. Cada máquina estaba equipada con sensores que recopilaban datos sobre su rendimiento y estado operativo. Los ingenieros en sistemas desarrollaron un software capaz de analizar estos datos y enviar alertas cuando detectaban anomalías o caídas en el rendimiento.

Los resultados fueron significativos:

- Se redujeron los tiempos muertos un 20%.
- Se mejoró el rendimiento general del equipo (OEE) un 15%.
- Se optimizó el uso energético reduciendo costos operativos.

Este caso ilustra cómo una integración efectiva entre ingeniería industrial e ingeniería en sistemas puede resultar no solo beneficiosa sino esencial para mantener competitividad.

Caso 2: Optimización Logística

Una empresa minorista decidió aplicar metodologías lean combinadas con análisis predictivo para optimizar su cadena logística. Utilizando técnicas Six Sigma junto con herramientas analíticas avanzadas desarrolladas por ingenieros en sistemas, lograron identificar cuellos de botella críticos dentro del proceso logístico.

Como resultado:

- Se redujo el tiempo promedio desde el pedido hasta la entrega.
- Se mejoró significativamente la satisfacción del cliente.
- Se logró una reducción del 30% en costos logísticos al eliminar desperdicios innecesarios.

Este ejemplo destaca cómo las metodologías tradicionales pueden ser potenciadas por enfoques tecnológicos modernos.

Formación Académica: Ingeniería Industrial vs Ingeniería en Sistemas

Ambas carreras ofrecen formaciones robustas pero con enfoques diferentes:

Ingeniería Industrial

Los programas suelen incluir cursos sobre:

- Gestión Operativa
- Control Estadístico
- Ergonomía
- Logística
- Finanzas Industriales
- Métodos Cuantitativos

El objetivo es preparar a los estudiantes para optimizar procesos físicos y humanos dentro del entorno industrial.

Ingeniería en Sistemas

Por otro lado, los programas suelen centrarse más intensamente en:

- Programación
- Análisis Algorítmico
- Desarrollo Web
- Bases de Datos
- Redes Informáticas
- Seguridad Informática

Los graduados están preparados para diseñar e implementar soluciones tecnológicas complejas que pueden ser aplicadas tanto dentro como fuera del ámbito industrial.

Capítulo II

La Ingeniería en Sistemas como Motor de la Convergencia Digital en el Sector Industrial

La convergencia digital ha transformado radicalmente el entorno industrial, y la ingeniería en sistemas se ha consolidado como una disciplina clave para maximizar la productividad y eficiencia de las empresas. De acuerdo con Castells (2010), la convergencia digital implica la integración de diversas tecnologías de la información en un único sistema interconectado, lo cual facilita una mayor accesibilidad a datos y recursos. Esta transformación se observa en sectores clave, donde la digitalización de procesos y el análisis de datos permiten una respuesta más rápida y precisa a las necesidades del mercado (Porter & Heppelmann, 2015).

Este capítulo profundiza en cómo la ingeniería en sistemas integra tecnologías avanzadas con procesos operativos, facilitando una gestión más efectiva de los recursos y permitiendo a las organizaciones adaptarse a un mercado en constante evolución. Según Gutiérrez y Pérez (2022), los ingenieros en sistemas desempeñan un papel fundamental en la implementación de soluciones que optimizan el flujo de trabajo y mejoran la toma de decisiones en tiempo real. Esto se logra mediante la utilización de herramientas como la inteligencia artificial, el Internet de las Cosas (IoT) y la automatización de procesos, que promueven una interacción eficiente entre distintos componentes de la cadena de valor (Vargo & Lusch, 2004). En este sentido, la capacidad de adaptación de las empresas es esencial para mantenerse competitivas en un entorno donde la tecnología y las demandas de los consumidores evolucionan rápidamente (Brynjolfsson & McAfee, 2014).

La Ingeniería en Sistemas: Definición y Alcance

La ingeniería en sistemas se define como la disciplina que se ocupa del diseño, implementación y mejora continua de sistemas complejos que integran personas, procesos y tecnología. De acuerdo con Blanchard y Fabrycky (2010), la ingeniería en sistemas tiene un enfoque holístico que permite la integración de múltiples disciplinas para crear soluciones que mejoren la funcionalidad y eficiencia de los sistemas. Este enfoque multidisciplinario es fundamental para abordar los desafíos contemporáneos que enfrentan las organizaciones, ya que permite una visión integral de los procesos industriales, lo cual facilita la identificación y resolución de problemas en cada fase del sistema (Sage & Rouse, 2009).

Los ingenieros en sistemas son responsables de desarrollar soluciones tecnológicas que optimizan el flujo de información y mejoran la toma de decisiones. Según Laudon y Laudon (2020), estos profesionales desempeñan un papel crucial en la implementación de tecnologías que facilitan la interconectividad de los procesos empresariales. Esto incluye el diseño de software específico para la gestión industrial, así como la implementación de sistemas ERP (Enterprise Resource Planning), los cuales proporcionan una visión integral del negocio y mejoran la coordinación entre distintas áreas de la organización (Monk & Wagner, 2013). La capacidad para analizar grandes volúmenes de datos en tiempo real es crucial para anticipar problemas y tomar decisiones informadas, especialmente en un entorno donde la eficiencia operativa es un factor determinante para el éxito empresarial (Davenport & Harris, 2017).

La integración de sistemas ERP y de análisis de datos permite a las empresas obtener una ventaja competitiva al reducir los tiempos de respuesta y mejorar la precisión en la gestión de recursos (Gunasekaran & Ngai, 2004). Este enfoque en la toma de decisiones basada en datos se ha vuelto esencial para las organizaciones modernas, que deben adaptarse a mercados en rápida evolución y a cambios constantes en las demandas de los clientes (McAfee & Brynjolfsson, 2012).

La Convergencia Digital: Un Cambio Paradigmático

La convergencia digital representa un cambio paradigmático en la forma en que las empresas operan. Este proceso implica la integración de múltiples tecnologías digitales, lo que permite una interconexión fluida entre dispositivos, sistemas y procesos. Las tecnologías clave que impulsan esta transformación incluyen:

- Computación en la Nube: Proporciona almacenamiento y procesamiento accesible y escalable.
- Big Data: Permite analizar grandes volúmenes de datos para obtener información valiosa.
- Internet de las Cosas (IoT): Conecta dispositivos físicos a redes digitales, facilitando el monitoreo y control remoto.
- Inteligencia Artificial (IA): Automatiza procesos mediante el análisis de datos y el aprendizaje automático.

Según un informe del Foro Económico Mundial (2020), se proyecta que más del 75% de las empresas habrán implementado tecnologías digitales para 2025. Esta transformación no solo afecta a las empresas, sino también a la vida cotidiana de las personas, promoviendo una mayor conectividad y accesibilidad a nivel global.

Impacto en el Sector Industrial

El sector industrial ha sido profundamente impactado por la convergencia digital, dando lugar a lo que se conoce como "fábricas inteligentes". Estas instalaciones representan el paradigma de la Cuarta Revolución Industrial, también conocida como Industria 4.0, al integrar sensores conectados, sistemas ciberfísicos y análisis avanzado de datos (Schwab, 2017). En este contexto, las fábricas inteligentes permiten a las empresas mejorar su eficiencia operativa mediante varios mecanismos que impactan directamente en la productividad y en la capacidad de adaptación al mercado (Kagermann et al., 2013).

Reducción de Costos: La automatización de tareas repetitivas y el uso eficiente de recursos contribuyen directamente a disminuir los costos operativos. Según una investigación de PwC (2016), la digitalización en el sector industrial puede reducir costos hasta un 30 % mediante estrategias de optimización energética y mantenimiento predictivo. Estas mejoras no solo resultan en menores gastos, sino que también aumentan la vida útil de los equipos y reducen los tiempos de inactividad (Lee et al., 2015).

Mejora Continua: Los sistemas digitales permiten realizar un monitoreo en tiempo real de cada etapa del proceso productivo, lo cual contribuye a una gestión de calidad más efectiva. En un entorno industrial, el monitoreo en tiempo real resulta en menos defectos y mayor satisfacción del cliente, ya que las fallas se pueden detectar y corregir antes de que impacten el producto final (Buer et al., 2018). De acuerdo con investigaciones de Deloitte (2018), esta capacidad de monitoreo constante facilita la implementación de sistemas de mejora continua, permitiendo a las fábricas inteligentes responder rápidamente a cualquier desviación en la calidad del producto.

Flexibilidad: Las fábricas inteligentes pueden adaptarse rápidamente a cambios en la demanda o innovaciones, un aspecto que es fundamental en la dinámica actual del mercado global. Esta flexibilidad es esencial para mantener la competitividad en un mercado cada vez más volátil y para permitir una producción personalizada o ajustada a las necesidades específicas de los clientes (Rüßmann et al., 2015). Como señala Sommer (2015), la capacidad de ajustar procesos y productos en tiempo real permite a las empresas responder rápidamente a las fluctuaciones de la demanda y aprovechar nuevas oportunidades de mercado.

El Rol Fundamental de la Ingeniería en Sistemas

La ingeniería en sistemas desempeña un papel estratégico en el diseño e implementación de soluciones tecnológicas dentro del contexto industrial, impulsando la innovación y eficiencia en los procesos productivos. Los ingenieros en sistemas aplican su conocimiento en diversas áreas clave que aportan valor significativo a las organizaciones, mejorando su competitividad y capacidad de adaptación al mercado.

Diseño e Implementación de Sistemas: Los ingenieros en sistemas desarrollan soluciones integradas que abarcan desde software específico hasta sistemas de planificación de recursos empresariales (ERP), facilitando la interconexión de distintas áreas de la organización. Un caso práctico es la implementación de un sistema ERP en una empresa manufacturera, que permite la integración de áreas como producción, finanzas y recursos humanos en una sola plataforma, mejorando la visibilidad y el control de todos los procesos (Monk & Wagner, 2013). Según Laudon y Laudon (2020), los sistemas ERP contribuyen a la reducción de costos y a una mejor toma de decisiones, ya que proporcionan acceso a datos en tiempo real que optimizan la gestión de los recursos.

Análisis Predictivo: Utilizando herramientas avanzadas de análisis de datos, los ingenieros en sistemas pueden identificar patrones y tendencias que permiten ajustes proactivos en los procesos productivos. El análisis predictivo en la industria, especialmente a través del uso de sensores IoT, permite el mantenimiento predictivo, una técnica que monitorea el estado de las máquinas en tiempo real y programa el mantenimiento antes de que ocurran fallas inesperadas (Lee et al., 2015). Según Davenport y Harris (2017), este enfoque no solo previene interrupciones costosas, sino que también aumenta la eficiencia operativa y extiende la vida útil de los equipos industriales, lo cual es crucial en entornos industriales de alta demanda.

Metodologías Ágiles: La adopción de metodologías ágiles como Lean Manufacturing y Six Sigma permite a las organizaciones optimizar flujos de trabajo y mejorar continuamente los procesos productivos. Estas metodologías, que promueven la reducción de desperdicios y la optimización de recursos, crean una cultura organizacional centrada en la mejora continua y la eficiencia (Womack & Jones, 2003). De acuerdo con Buer, Strandhagen y Chan (2018), Lean Manufacturing e Industria 4.0 son complementarias y juntas ofrecen un marco ágil que impulsa la productividad mediante la flexibilidad y la adaptabilidad en la cadena de producción. Por su parte, Six Sigma contribuye a mejorar la calidad y reducir la variabilidad en los procesos, promoviendo un enfoque de mejora continua que se alinea con las demandas de un mercado altamente competitivo (Snee & Hoerl, 2005).

A través de estas áreas, la ingeniería en sistemas aporta un enfoque estratégico que impulsa a las organizaciones hacia una mayor competitividad y capacidad de respuesta en un entorno industrial en rápida evolución (Schwab, 2017).

Desafíos y Oportunidades

A pesar de los beneficios evidentes que la digitalización y la automatización traen al sector industrial, existen desafíos significativos que las empresas deben enfrentar al adoptar estas tecnologías avanzadas. Estos obstáculos, sin embargo, también representan oportunidades laborales importantes para ingenieros especializados en sistemas digitales, ya que las empresas buscan cada vez más profesionales capacitados para liderar la integración y gestión de estas innovaciones.

Integración Tecnológica: Muchas empresas enfrentan dificultades al intentar integrar nuevas tecnologías con sus sistemas existentes, una situación que suele denominarse "desafío de legado". La coexistencia de sistemas antiguos y nuevos puede generar problemas de compatibilidad y eficiencia, lo cual es una barrera considerable para la transformación digital (Gartner, 2020). Según O'Reilly y Tushman (2016), la integración tecnológica no solo requiere conocimientos técnicos, sino también una comprensión profunda de los procesos operativos y de los impactos organizacionales que trae el cambio. Además, esto puede demandar una significativa inversión de tiempo y recursos, ya que los sistemas heredados suelen no estar diseñados para trabajar con tecnologías modernas como el Internet de las Cosas (IoT) o el análisis de datos en tiempo real (Schmidt et al., 2020).

Evolución Rápida: La rápida evolución tecnológica puede generar incertidumbre sobre qué soluciones adoptar, pues las empresas se enfrentan a un mercado saturado de opciones tecnológicas. La velocidad con la que avanzan las innovaciones, como la inteligencia artificial y los sistemas ciberfísicos, provoca que muchas empresas duden en invertir en soluciones que podrían quedar obsoletas rápidamente (Frey & Osborne, 2017). Esta situación, conocida como "riesgo de obsolescencia tecnológica", afecta particularmente a las pequeñas y medianas empresas que, al no contar con grandes presupuestos, deben hacer inversiones tecnológicas de manera cuidadosa (Porter & Heppelmann, 2015).

Oportunidades Laborales para Ingenieros Especializados: Sin embargo, estos desafíos también representan oportunidades laborales significativas para ingenieros especializados en sistemas digitales, quienes desempeñan un rol crucial en la adaptación y evolución tecnológica de las empresas. La demanda de profesionales en esta área está aumentando rápidamente, ya que las empresas buscan expertos capaces no solo de implementar tecnologías avanzadas, sino también de liderar iniciativas estratégicas que garanticen una adopción tecnológica exitosa y alineada con los objetivos empresariales (Deloitte, 2018). Según Schwab (2017), la Cuarta Revolución Industrial ha creado una necesidad sin precedentes de ingenieros en sistemas que puedan conectar los aspectos técnicos con la visión estratégica de las organizaciones, facilitando la toma de decisiones informadas y la optimización de los procesos.

En conjunto, estos desafíos y oportunidades subrayan la importancia de contar con ingenieros en sistemas capacitados para guiar a las empresas a través de la complejidad de la transformación digital, asegurando que puedan adaptarse y prosperar en un entorno industrial cada vez más digitalizado y competitivo.

Innovaciones Tecnológicas Aplicadas

Las innovaciones tecnológicas como Big Data, la Inteligencia Artificial (IA) y el Internet de las Cosas (IoT) han transformado profundamente la manera en que las industrias abordan sus desafíos operativos y estratégicos, permitiéndoles responder a un mercado cada vez más dinámico y competitivo. Estas herramientas no solo facilitan el manejo y análisis de grandes volúmenes de datos, sino que también promueven una cultura organizacional basada en datos, en la que cada decisión se apoya en análisis cuantitativos detallados.

Big Data: La adopción de Big Data en el ámbito industrial permite realizar análisis predictivos, proporcionando a las empresas información valiosa para adaptar su producción de acuerdo con variables clave, tales como la demanda del mercado, el rendimiento de los equipos y el comportamiento del consumidor (Davenport, 2014). Según McAfee y Brynjolfsson (2012), el uso de grandes volúmenes de datos transforma el proceso de toma de decisiones, ya que los patrones identificados mediante el análisis de datos históricos y en tiempo real permiten prever posibles problemas o necesidades futuras, mejorando la capacidad de respuesta de la organización.

Inteligencia Artificial (IA): La IA ha revolucionado la eficiencia operativa al utilizar algoritmos predictivos que optimizan las cadenas logísticas y el proceso de producción. Gracias a modelos de aprendizaje automático, las empresas pueden anticipar demandas, ajustar inventarios y optimizar rutas de entrega, lo que reduce los costos y mejora la satisfacción del cliente (Chui et al., 2018). Según Russell y Norvig (2020), la IA también permite mejorar la precisión en las operaciones industriales mediante sistemas de visión y procesamiento de datos en tiempo real, lo que minimiza errores y maximiza la productividad en cada fase del proceso.

Internet of Things (IoT): El IoT facilita el monitoreo constante de equipos industriales, conectando dispositivos y máquinas en una red que permite recopilar datos en tiempo real sobre el estado y rendimiento de cada componente (Porter & Heppelmann, 2015). Esto reduce significativamente los tiempos de inactividad, ya que los sistemas pueden detectar anomalías o fallos antes de que ocurran, permitiendo un mantenimiento predictivo más efectivo (Lee et al., 2015). De acuerdo con Gilchrist (2016), el IoT mejora la transparencia en la gestión de activos y facilita la implementación de sistemas ciberfísicos en entornos industriales, contribuyendo así a la creación de "fábricas inteligentes" donde los datos juegan un papel fundamental.

Casos Prácticos Destacados

Un ejemplo significativo es una empresa automotriz global que implementó un sistema IoT para monitorear su producción. Equiparon cada máquina con sensores conectados para recopilar datos sobre su rendimiento. Como resultado:

- Se redujeron los tiempos muertos un 20%.
- Se mejoró el rendimiento general del equipo (OEE) un 15%.
- Se optimizó el uso energético reduciendo costos operativos.

Este caso ilustra cómo una integración efectiva entre ingeniería industrial e ingeniería en sistemas puede transformar radicalmente los procesos productivos.

Capítulo III

Desafíos y Oportunidades en la Ingeniería en Sistemas en el Contexto de la Convergencia Digital

La convergencia digital está redefiniendo el panorama industrial de manera profunda y acelerada, creando tanto desafíos como oportunidades significativas para la ingeniería en sistemas. Este fenómeno, impulsado por tecnologías emergentes como la inteligencia artificial, el Internet de las Cosas (IoT), el Big Data y la automatización avanzada, está cambiando la forma en que las organizaciones operan y compiten (Schwab, 2017). La transformación digital en la industria presenta múltiples desafíos relacionados con la rápida evolución tecnológica, la integración de sistemas complejos y la gestión de datos, que requieren que los ingenieros en sistemas posean una capacidad adaptativa para enfrentar estos retos (Porter & Heppelmann, 2015). Sin embargo, también abre una gama de oportunidades para estos profesionales, ya que sus habilidades y conocimientos son cada vez más demandados en un mercado en constante evolución.

Retos de la Transformación Digital: Los ingenieros en sistemas enfrentan el reto de mantenerse al día con la velocidad de los avances tecnológicos, que pueden hacer que el conocimiento y las soluciones queden obsoletos rápidamente (Bharadwaj et al., 2013). Esta rápida evolución exige una actualización continua de habilidades y conocimientos en áreas como el análisis de datos, la ciberseguridad y la inteligencia artificial (Russell & Norvig, 2020). Además, la integración de tecnologías avanzadas en sistemas ya existentes representa un desafío considerable, pues implica lidiar con problemas de compatibilidad y garantizar la seguridad y eficiencia de los sistemas (Gartner, 2020). Como señala Shrouf et al. (2014), la complejidad de los sistemas ciberfísicos industriales también aumenta el riesgo de vulnerabilidades, lo que convierte a la ciberseguridad en una prioridad crucial en la era de la Industria 4.0.

Oportunidades en la Ingeniería en Sistemas: A pesar de estos desafíos, la transformación digital genera oportunidades de gran valor para los ingenieros en sistemas, quienes están en una posición única para liderar la innovación y mejorar la competitividad de las organizaciones. La demanda de profesionales en esta disciplina está aumentando, ya que las empresas necesitan expertos que comprendan tanto los aspectos técnicos como los estratégicos de la tecnología digital (Deloitte, 2018). Según Frey y Osborne (2017), la Cuarta Revolución Industrial está impulsando una demanda sin precedentes de ingenieros capaces de diseñar, implementar y gestionar soluciones tecnológicas que optimicen los procesos de producción, mejoren la eficiencia y aumenten la resiliencia organizacional. Por ejemplo, los ingenieros en sistemas pueden liderar la implementación de plataformas de análisis de datos en tiempo real y de sistemas de automatización avanzada que permiten una mayor precisión en la toma de decisiones y una respuesta rápida a los cambios del mercado (Davenport, 2014).

Desafíos en la Ingeniería en Sistemas

Integración de Tecnologías

La integración de nuevas tecnologías en sistemas existentes es uno de los principales desafíos que enfrentan los ingenieros en sistemas en la actualidad. A medida que las empresas buscan aprovechar las ventajas de soluciones digitales avanzadas, enfrentan la dificultad de hacer que estas tecnologías funcionen en conjunto con infraestructuras heredadas, lo cual puede resultar en ineficiencias operativas y un aumento en los costos de mantenimiento y adaptación. Este reto, conocido como "desafío de legado", afecta particularmente a industrias que tienen una infraestructura tecnológica consolidada y, en muchos casos, obsoleta, lo cual dificulta la interoperabilidad entre los nuevos sistemas y los ya existentes (Bharadwaj et al., 2013).

Según Porter y Heppelmann (2015), muchas organizaciones industriales que implementan tecnologías como el Internet de las Cosas (IoT) para monitorear y controlar su maquinaria a menudo descubren que sus sistemas de gestión de datos y plataformas de software antiguas no son compatibles con las nuevas soluciones de análisis en tiempo real. Esta falta de compatibilidad impide que las empresas puedan aprovechar al máximo los datos recopilados por sus dispositivos conectados, limitando su capacidad para generar valor a partir de la información disponible. En este sentido, Davenport (2014) sostiene que la integración efectiva de nuevas tecnologías con sistemas existentes es esencial para que las empresas puedan transformar los datos en decisiones estratégicas que mejoren la eficiencia operativa y la productividad.

Ejemplo de Desafío en la Integración de Tecnologías:

Un ejemplo común de este desafío se observa en el sector manufacturero, donde una empresa que implementa un sistema de IoT para monitorear el estado y rendimiento de su maquinaria puede encontrar que sus sistemas de gestión de datos antiguos no son compatibles con las nuevas plataformas de análisis de datos en la nube. Esta situación limita su capacidad para utilizar completamente los datos recopilados y para realizar un mantenimiento predictivo efectivo, ya que los sistemas antiguos no pueden procesar ni transmitir la información en tiempo real (Lee et al., 2015). Según un informe de McKinsey (2018), las empresas que no logran actualizar o integrar sus sistemas heredados adecuadamente enfrentan costos más altos y una reducción en la competitividad, ya que no pueden responder de manera ágil a los cambios del mercado.

Para mitigar estos desafíos, los ingenieros en sistemas juegan un rol fundamental al liderar proyectos de migración y actualización de infraestructura tecnológica. Estos profesionales utilizan enfoques como la implementación de interfaces de programación de aplicaciones (API) y la adopción de plataformas de integración de datos que permiten que los sistemas antiguos y nuevos trabajen en conjunto de manera eficiente (Gartner, 2020). De este modo, la integración tecnológica se convierte en un aspecto crítico para el éxito de la transformación digital en las organizaciones, permitiéndoles explotar las capacidades de las innovaciones sin comprometer la estabilidad de sus sistemas preexistentes.

Seguridad Cibernética

Con el aumento de la conectividad y la digitalización, surge una mayor vulnerabilidad a ataques cibernéticos, una preocupación que afecta especialmente a las infraestructuras industriales en la era de la Industria 4.0. La implementación de tecnologías como el Internet de las Cosas (IoT) y los sistemas ciberfísicos, que conectan el mundo digital y físico, ha incrementado el riesgo de posibles ataques que podrían comprometer tanto la seguridad de los datos como la continuidad de los procesos de producción (Karnouskos, 2017). Según Symantec (2019), la interconexión de dispositivos y sistemas hace que las redes industriales sean particularmente susceptibles a amenazas, lo que aumenta la presión sobre los ingenieros en sistemas para diseñar y aplicar medidas de ciberseguridad sólidas.

Rol de los Ingenieros en Sistemas en la Ciberseguridad Industrial:

Los ingenieros en sistemas desempeñan un papel fundamental en la protección de datos sensibles y en la garantía de la integridad de los sistemas industriales. Para mitigar las vulnerabilidades, estos profesionales deben ser capaces de implementar protocolos de seguridad que incluyan autenticación multifactorial, encriptación de datos y monitoreo constante para detectar amenazas en tiempo real (Stouffer et al., 2015). Según Humayed et al. (2017), el diseño de sistemas seguros debe incluir prácticas de ciberseguridad desde las primeras fases del desarrollo, en un enfoque conocido como "seguridad desde el diseño" o security by design. Este enfoque ayuda a garantizar que las medidas de seguridad estén integradas en el núcleo de los sistemas, en lugar de añadirse como una capa adicional, lo que aumenta la eficacia y resiliencia ante ataques.

Ejemplo de Ciberseguridad en una Fábrica Inteligente:

Un ataque cibernético a una fábrica inteligente, donde múltiples sistemas de producción están interconectados, podría comprometer no solo la producción, sino también la seguridad física de los trabajadores y del entorno laboral. Por ejemplo, un ataque que manipule los parámetros de operación de una máquina podría provocar accidentes o fallos graves en la maquinaria, poniendo en peligro a los empleados y causando daños materiales considerables (Lee et al., 2015). Además, según un informe de la Agencia de la Unión Europea para la Ciberseguridad (ENISA, 2018), las amenazas cibernéticas en infraestructuras críticas pueden tener consecuencias devastadoras en la economía y la seguridad pública, por lo que es crucial que los ingenieros en sistemas integren prácticas de ciberseguridad desde el inicio del diseño del sistema para prevenir vulnerabilidades y asegurar la continuidad operativa.

El papel de la ciberseguridad en el entorno industrial es cada vez más importante, y los ingenieros en sistemas deben estar preparados para abordar este desafío, incorporando técnicas de defensa avanzada y manteniéndose actualizados en las mejores prácticas y normas de seguridad para proteger tanto los datos sensibles como la infraestructura física. Según Gartner (2020), el gasto en ciberseguridad industrial se ha incrementado significativamente en los últimos años, reflejando la prioridad de las empresas en proteger sus activos digitales y físicos en un contexto cada vez más conectado y vulnerable a las amenazas cibernéticas.

Escasez de Talento Especializado

Demanda Creciente de Profesionales en Ingeniería en Sistemas

Con el continuo avance de las tecnologías digitales, la demanda de profesionales capacitados en ingeniería en sistemas ha experimentado un notable aumento. Este fenómeno es consecuencia de la creciente integración de tecnologías emergentes, como la inteligencia artificial (IA), el Internet de las Cosas (IoT) y el Big Data, en diversas industrias. Las organizaciones necesitan ingenieros que no solo dominen las herramientas y plataformas tecnológicas de vanguardia, sino que también comprendan profundamente los procesos industriales específicos, los cuales varían ampliamente entre sectores (Westerman et al., 2014). Según un informe de McKinsey & Company (2020), la escasez de talento especializado se ha convertido en un desafío crítico para muchas empresas que buscan aprovechar las ventajas de la transformación digital. Esta escasez está impulsada por la rapidez con que emergen nuevas tecnologías y la necesidad de profesionales que puedan adaptarse a ellas de manera eficiente.

Los ingenieros en sistemas desempeñan un papel fundamental en la integración de estas tecnologías con los procesos industriales, pero muchos profesionales en el campo aún carecen de la capacitación adecuada para comprender tanto los aspectos técnicos como los operativos de los sectores en los que trabajan. Esta brecha de habilidades, también conocida como skills gap, es un problema creciente, ya que la especialización técnica requerida por las nuevas tecnologías debe ir acompañada de un entendimiento profundo del contexto industrial y las necesidades particulares de cada empresa (Brynjolfsson & McAfee, 2014). Como señala Daugherty et al. (2019), la formación de ingenieros en sistemas debe ir más allá de la simple habilidad técnica para abarcar el conocimiento profundo de los procesos y desafíos industriales específicos, lo que permite a los profesionales desarrollar soluciones tecnológicas que realmente mejoren la productividad y eficiencia de las empresas.

Ejemplo de la Escasez de Talento Especializado:

Un ejemplo de este desafío se observa cuando las empresas intentan encontrar ingenieros en sistemas que no solo dominen el software y hardware modernos, sino que también tengan una comprensión detallada del contexto industrial en el que operan. Por ejemplo, una empresa en el sector de manufactura que busca implementar un sistema de mantenimiento predictivo basado en IoT podría encontrar difícil encontrar ingenieros con experiencia tanto en las tecnologías de IoT como en la operación y mantenimiento de equipos industriales. De acuerdo con el informe de McKinsey & Company (2020), muchas organizaciones luchan por encontrar profesionales que tengan estas habilidades combinadas, lo que retrasa la adopción de soluciones digitales avanzadas.

La falta de profesionales capacitados en la intersección de tecnología y procesos industriales también está afectando la velocidad con que las empresas pueden innovar y mantenerse competitivas. En un estudio realizado por Accenture (2017), se destacó que las empresas líderes en el uso de tecnologías digitales están invirtiendo fuertemente en la capacitación de su personal, tanto en el desarrollo de habilidades técnicas como en el entendimiento del negocio, para cerrar esta brecha de habilidades y asegurar una implementación exitosa de las tecnologías emergentes.

Formación y Adaptación de Profesionales:

La escasez de talento en ingeniería en sistemas subraya la necesidad urgente de adaptar los programas de formación académica para preparar a los ingenieros con un conjunto de habilidades diversificadas que incluyan tanto la tecnología avanzada como el conocimiento contextual de la industria. Esto implica el desarrollo de programas educativos que no solo enseñen sobre el diseño y la implementación de soluciones tecnológicas, sino que también incluyan módulos sobre procesos industriales y gestión de la innovación en entornos empresariales (Chesbrough, 2010). Además, la colaboración entre universidades, centros de

investigación y empresas es esencial para asegurar que los ingenieros en formación se enfrenten
a escenarios del mundo real durante su educación, lo que les permitirá tener un impacto positivo
desde el primer día en sus roles profesionales

Oportunidades Emergentes

Innovación Continua

La convergencia digital, definida como la integración de tecnologías avanzadas y la
convergencia de diferentes plataformas tecnológicas, ha abierto nuevas oportunidades para la
innovación continua en diversos sectores, especialmente en la ingeniería en sistemas. Los
ingenieros en sistemas juegan un papel crucial en este proceso, ya que tienen la capacidad de
combinar distintas tecnologías, desde la inteligencia artificial (IA) hasta la automatización y el
análisis de datos, lo que permite desarrollar soluciones creativas que no solo mejoran los
procesos existentes, sino que también crean nuevos modelos de negocio. Según Westerman et
al. (2014), la convergencia digital fomenta un entorno de innovación abierta, donde las
empresas pueden transformar sus productos, servicios y la forma en que operan mediante el uso
de tecnologías emergentes. Este fenómeno ha permitido a las organizaciones crear soluciones
más personalizadas y ágiles, capaces de adaptarse rápidamente a las cambiantes demandas del
mercado.

Los ingenieros en sistemas, con su capacidad técnica y su comprensión profunda de los
procesos operativos, están en una posición privilegiada para aprovechar estas oportunidades de
innovación. Al integrar diferentes tecnologías, pueden ayudar a las empresas a diseñar
productos y servicios innovadores que antes no eran posibles. Esta capacidad de desarrollar
soluciones disruptivas es lo que permite a las empresas mantenerse competitivas en un mercado
global cada vez más digitalizado (Brynjolfsson & McAfee, 2014).

Ejemplo de Innovación mediante la Integración de IA con Sistemas ERP

Un ejemplo claro de cómo la convergencia digital puede generar ventajas competitivas
significativas es la integración de inteligencia artificial (IA) con sistemas de planificación de
recursos empresariales (ERP). Los sistemas ERP, que facilitan la gestión de diferentes áreas de
la empresa como producción, inventarios y finanzas, se benefician enormemente de la
integración de la IA. Al utilizar algoritmos predictivos, la IA permite a las empresas analizar
grandes volúmenes de datos en tiempo real, lo que facilita la predicción de tendencias del
mercado y la optimización de la producción en consecuencia (Chong et al., 2017). Esto no solo
mejora la eficiencia operativa, sino que también permite a las organizaciones ajustar su
producción de manera proactiva, en lugar de reaccionar a las condiciones del mercado.

Por ejemplo, un fabricante que integra IA en su sistema ERP puede predecir la demanda de ciertos productos según las tendencias históricas y las condiciones actuales del mercado. Esto le permite ajustar sus procesos de producción y optimizar los recursos, lo que se traduce en una reducción de costos y una mejora de la competitividad. Según Gartner (2020), las empresas que implementan soluciones de IA en sus sistemas ERP logran ventajas competitivas al mejorar su capacidad para tomar decisiones informadas y ágiles, lo que les permite adaptarse más rápidamente a las dinámicas del mercado.

Impacto de la Innovación en el Crecimiento Empresarial

Además de la mejora de procesos internos, la convergencia digital también ha permitido la creación de nuevos modelos de negocio. Empresas que antes solo ofrecían productos ahora pueden ofrecer servicios basados en datos, como mantenimiento predictivo o personalización de productos a medida, todo ello impulsado por la combinación de tecnologías como IoT, IA y Big Data (Davenport & Ronanki, 2018). Este cambio no solo mejora la experiencia del cliente, sino que también permite a las empresas acceder a nuevas fuentes de ingresos. De acuerdo con la investigación de McKinsey & Company (2020), las empresas líderes en la adopción de tecnologías digitales han incrementado su rentabilidad y crecimiento mediante la implementación de modelos de negocio innovadores que capitalizan sobre la convergencia de tecnologías.

Transformación Cultural

La Transformación Cultural a través de la Adopción de Tecnologías Digitales

La adopción de tecnologías digitales no solo afecta los procesos operativos dentro de las organizaciones, sino que también transforma la cultura organizacional. En el contexto actual, los ingenieros en sistemas tienen un papel crucial en la promoción de una cultura organizacional basada en datos, donde las decisiones no se toman basándose únicamente en intuiciones o experiencias pasadas, sino que se fundamentan en análisis cuantitativos. Según Westerman et al. (2014), la adopción de tecnologías digitales, como los sistemas de análisis de datos avanzados y plataformas de inteligencia empresarial, requiere un cambio profundo en la forma en que los empleados perciben y toman decisiones en la organización. Este cambio cultural es esencial para aprovechar al máximo las tecnologías emergentes y transformar las operaciones empresariales.

La capacidad para tomar decisiones informadas y fundamentadas en datos es una ventaja competitiva clave en el entorno empresarial actual, en el que las organizaciones se enfrentan a una avalancha de información y deben ser capaces de extraer valor de ella rápidamente (Davenport & Harris, 2007). Los ingenieros en sistemas, con su dominio de las tecnologías y el análisis de datos, son quienes facilitan este cambio de mentalidad, ayudando a las empresas a integrar herramientas digitales que promuevan la toma de decisiones basada en evidencia en lugar de en suposiciones.

El Rol de los Ingenieros en Sistemas en la Promoción de una Cultura Basada en Datos

Los ingenieros en sistemas no solo se encargan de la implementación de herramientas tecnológicas, sino que también desempeñan un rol fundamental en fomentar un ambiente organizacional donde el análisis de datos se convierta en una práctica habitual. Esto incluye la integración de herramientas analíticas avanzadas, como el análisis predictivo y los sistemas de inteligencia empresarial, que permiten a las empresas evaluar su desempeño y hacer ajustes en tiempo real. Como lo señala Brynjolfsson y McAfee (2014), las organizaciones que logran adoptar una cultura de datos son más ágiles, capaces de responder rápidamente a los cambios del mercado y optimizar sus operaciones con una mayor eficacia. Este cambio hacia una cultura de datos también implica que todos los empleados, desde la alta dirección hasta el personal operativo, tengan acceso a información clave y sean empoderados para tomar decisiones basadas en esta información.

Ejemplo de Implementación de Herramientas Analíticas Avanzadas

Un ejemplo claro de cómo los ingenieros en sistemas pueden ayudar a promover esta cultura organizacional basada en datos es la implementación de herramientas analíticas avanzadas en una empresa manufacturera. Por ejemplo, mediante la integración de sistemas de análisis de datos en tiempo real, los ingenieros pueden ayudar a las empresas a identificar áreas de mejora continua en sus procesos productivos, como cuellos de botella o ineficiencias en el uso de recursos. Un estudio de McKinsey & Company (2020) encontró que las empresas que adoptan tecnologías de análisis avanzado y fomentan una cultura de toma de decisiones basada en datos pueden aumentar significativamente su productividad y reducir costos operativos, ya que sus procesos se optimizan continuamente.

Además, el uso de estas herramientas analíticas puede fomentar un entorno en el que todos los empleados se sientan empoderados para contribuir a la optimización del proceso. Como lo destaca la investigación de Chui et al. (2018), cuando los empleados tienen acceso a datos e información relevante, pueden identificar oportunidades para mejorar sus áreas de trabajo y aportar ideas para innovar en los procesos, lo que lleva a una cultura organizacional más dinámica y participativa.

Transformación de la Cultura Organizacional mediante la Analítica

La creación de una cultura organizacional basada en datos no solo depende de la tecnología, sino también de cómo se implementa y se fomenta en todos los niveles de la empresa. Según el informe de Gartner (2019), para que la cultura basada en datos sea efectiva, las organizaciones deben ofrecer formación continua sobre el uso de datos y herramientas analíticas, asegurando que todos los empleados comprendan cómo interpretar y utilizar los datos en su trabajo diario. Los ingenieros en sistemas, con su expertise en el diseño e implementación de soluciones tecnológicas, tienen la responsabilidad de liderar este cambio, capacitando a los equipos y asegurándose de que los sistemas estén configurados para facilitar el acceso a la información de manera clara y útil.

Desarrollo Profesional y Formación Continua

La rápida evolución tecnológica ofrece una oportunidad significativa para el desarrollo profesional continuo, particularmente para los ingenieros en sistemas. En un entorno en el que las tecnologías emergentes, como la inteligencia artificial (IA), el análisis de big data y la automatización, están transformando la industria, es fundamental que los profesionales de esta área se mantengan actualizados sobre las últimas tendencias y herramientas tecnológicas. Según la investigación de Davenport y Westerman (2018), el aprendizaje continuo es un componente clave para los profesionales de la tecnología, ya que la velocidad de innovación tecnológica requiere que los ingenieros desarrollen nuevas habilidades y conocimientos para mantenerse competitivos en el mercado laboral. Los ingenieros en sistemas que invierten en su formación y obtienen certificaciones especializadas están mejor posicionados para liderar iniciativas tecnológicas y enfrentar los retos de la digitalización en las organizaciones.

Además, la formación continua no solo beneficia el crecimiento profesional individual, sino que también contribuye al éxito de las organizaciones al asegurar que los empleados cuenten con las competencias necesarias para implementar y gestionar las tecnologías avanzadas que impulsan la innovación. Según una encuesta realizada por LinkedIn (2020), el 94% de los empleados afirmaron que seguir aprendiendo habilidades nuevas es fundamental para su éxito profesional. En el caso de los ingenieros en sistemas, actualizarse en áreas como IA y big data no solo les permite mejorar su capacidad técnica, sino que también los convierte en piezas clave para la implementación de soluciones innovadoras que mejoren la eficiencia y competitividad de las organizaciones.

Ejemplo de Formación en Inteligencia Artificial y Big Data

Participar en cursos sobre tecnologías emergentes como inteligencia artificial (IA) y análisis de big data es un ejemplo concreto de cómo la formación continua puede abrir nuevas oportunidades laborales para los ingenieros en sistemas. La IA y el big data son tecnologías fundamentales en la actualidad para la toma de decisiones basada en datos y la automatización de procesos, lo que permite a las empresas operar con mayor eficiencia y rapidez. Según Guestrin et al. (2018), los profesionales que dominan estas tecnologías tienen la capacidad de transformar grandes volúmenes de datos en información útil, lo que permite predecir tendencias, mejorar la experiencia del cliente y optimizar los procesos productivos. Esta capacidad de utilizar herramientas avanzadas de análisis de datos abre nuevas puertas en el mercado laboral, ya que las empresas buscan expertos que puedan aplicar IA y big data a problemas complejos, desde la predicción de demanda hasta la mejora de la cadena de suministro.

Por ejemplo, un ingeniero en sistemas que complete una certificación en IA puede participar en proyectos que impliquen la implementación de sistemas predictivos para la manufactura, la gestión de inventarios o el análisis de datos de clientes. Estos proyectos, al estar centrados en soluciones basadas en datos, aumentan la competitividad de la empresa y abren nuevas oportunidades para los ingenieros, quienes pueden liderar iniciativas de transformación digital dentro de sus organizaciones. Según un informe de McKinsey & Company (2020), los ingenieros que adoptan tecnologías como la IA y el big data son capaces de innovar más rápidamente y generar un mayor valor para sus empresas, lo que les coloca en una posición favorable para avanzar profesionalmente.

Importancia de las Certificaciones Especializadas

Además de la formación académica tradicional, las certificaciones especializadas en áreas clave, como la inteligencia artificial, el análisis de big data y la ciberseguridad, son altamente valoradas por las empresas. Estas certificaciones no solo validan las competencias técnicas del profesional, sino que también demuestran un compromiso con el aprendizaje continuo y la adaptación a las nuevas tecnologías. Según Gartner (2020), las empresas están invirtiendo cada vez más en programas de certificación para su personal, especialmente en áreas tecnológicas críticas, ya que esto les permite contar con equipos altamente calificados y listos para abordar los desafíos de la transformación digital.

Estrategias para Superar Desafíos

Enfoque Multidisciplinario

Para abordar los desafíos derivados de la rápida digitalización y la integración de nuevas tecnologías en las organizaciones, es fundamental adoptar un enfoque multidisciplinario. En este contexto, los ingenieros en sistemas no deben trabajar de forma aislada, sino colaborar estrechamente con otros departamentos, como TI, producción, recursos humanos y seguridad, para garantizar que todas las partes interesadas estén alineadas y trabajen hacia objetivos comunes. Según Khan et al. (2019), la integración exitosa de nuevas tecnologías en las empresas depende en gran medida de la cooperación entre equipos multidisciplinarios, ya que cada área tiene un conocimiento específico y complementario que es esencial para la implementación y la optimización de las soluciones tecnológicas. Este enfoque colaborativo permite identificar los desafíos y oportunidades desde diversas perspectivas, lo que aumenta las probabilidades de éxito en la adopción de nuevas tecnologías.

En particular, la integración de sistemas tecnológicos avanzados como IoT, IA y análisis de big data requiere un alineamiento entre las áreas técnicas y operativas para garantizar que las soluciones propuestas sean tanto viables como efectivas en el contexto específico de cada organización (Bharadwaj et al., 2013). Además, la colaboración entre diferentes áreas permite abordar de manera integral los problemas relacionados con la ciberseguridad, el rendimiento de los sistemas y la gestión del cambio, aspectos fundamentales en un entorno digital cada vez más complejo.

Ejemplo de Equipos Interfuncionales en la Integración de Nuevas Tecnologías

Un ejemplo de cómo un enfoque multidisciplinario puede facilitar la integración de nuevas tecnologías es la creación de equipos interfuncionales que incluyan expertos en TI, ingeniería de sistemas y operaciones. Estos equipos pueden colaborar para diseñar, implementar y optimizar soluciones tecnológicas en áreas clave como la automatización de procesos, la gestión de datos en tiempo real y el análisis predictivo. De acuerdo con el estudio de O'Reilly et al. (2017), las empresas que implementan equipos interfuncionales para abordar la digitalización y la transformación tecnológica pueden superar obstáculos significativos, como la resistencia al cambio y la falta de conocimiento técnico en las áreas operativas. Este enfoque permite que los diferentes departamentos compartan información valiosa y alineen sus esfuerzos para lograr una integración efectiva.

Por ejemplo, un equipo interfuncional en una fábrica inteligente podría trabajar en la integración de sensores IoT con sistemas ERP, lo que permitiría una supervisión continua de la maquinaria y un análisis en tiempo real del rendimiento. A través de la colaboración entre ingenieros en sistemas, expertos en TI y personal de producción, se podría garantizar que los sistemas estén correctamente configurados para optimizar los flujos de trabajo y minimizar el tiempo de inactividad. Además, la colaboración entre TI y seguridad cibernética en este tipo de equipo interfuncional es esencial para garantizar que la infraestructura tecnológica sea segura y resistente a los ataques, lo que se convierte en una prioridad crítica en la era de la digitalización (Cheng et al., 2020).

Beneficios del Enfoque Multidisciplinario

Adoptar un enfoque multidisciplinario no solo facilita la implementación de nuevas tecnologías, sino que también fomenta la innovación y la mejora continua en las organizaciones. Según Tushman y O'Reilly (1996), las organizaciones que promueven la colaboración interfuncional están mejor posicionadas para adaptarse a cambios disruptivos y desarrollar soluciones innovadoras que mejoren la competitividad y la eficiencia. En este sentido, los ingenieros en sistemas, al colaborar con otros departamentos, pueden aportar sus conocimientos técnicos para implementar soluciones que no solo sean técnicamente viables, sino también alineadas con los objetivos estratégicos de la empresa.

Inversión en Capacitación

Las organizaciones que buscan mantenerse competitivas en la era de la transformación digital deben invertir en programas de capacitación continua para sus empleados. Esta inversión no solo es crucial para asegurar que los empleados estén equipados con las habilidades necesarias para adaptarse a las nuevas tecnologías, sino que también tiene un impacto positivo en la retención del talento. Según un informe de PwC (2020), el 74% de los empleados afirman que la capacitación es un factor clave para su satisfacción laboral y su decisión de quedarse en una empresa. A medida que las tecnologías emergentes, como la inteligencia artificial (IA), el big data y la automatización, se integran en los procesos empresariales, es fundamental que los empleados cuenten con la formación adecuada para utilizar estas herramientas de manera eficaz y para mejorar su desempeño en un entorno de trabajo cada vez más digitalizado.

La capacitación continua no solo mejora las competencias técnicas del personal, sino que también fomenta un ambiente organizacional positivo, basado en el aprendizaje y la adaptación. Según Bersin (2018), las organizaciones que invierten en el desarrollo continuo de su fuerza laboral logran no solo un aumento en la productividad y la innovación, sino también un mayor compromiso de los empleados. Además, los programas de capacitación deben adaptarse a las necesidades cambiantes del mercado y a las nuevas tendencias tecnológicas para asegurar que los empleados no solo estén al día con las herramientas y sistemas actuales, sino que también puedan anticipar los próximos cambios.

Ejemplo de Programas de Capacitación Internos y Conferencias

Un ejemplo concreto de cómo las organizaciones pueden fomentar un ambiente de aprendizaje continuo es la implementación de programas internos donde los empleados puedan aprender sobre nuevas herramientas digitales o participar en conferencias y seminarios de actualización. Estos programas internos no solo facilitan el acceso a conocimientos relevantes sobre las últimas tecnologías, sino que también crean un espacio para que los empleados interactúen y compartan sus experiencias, lo que fortalece la colaboración dentro de la empresa. Según un estudio de Capelli (2017), las empresas que facilitan el acceso a la formación en nuevas tecnologías y métodos de trabajo contribuyen a una cultura organizacional más dinámica y resiliente, capaz de adaptarse a las rápidas transformaciones del entorno.

Por ejemplo, una empresa podría ofrecer sesiones de formación internas sobre el uso de plataformas de análisis de big data o sobre la implementación de soluciones de IA en la gestión de operaciones. Estas sesiones no solo proporcionan habilidades técnicas, sino que también ayudan a los empleados a comprender cómo estas herramientas pueden ser aplicadas para mejorar la eficiencia operativa y la toma de decisiones. Además, participar en conferencias y seminarios externos también permite a los empleados estar al tanto de las mejores prácticas de la industria y fortalecer su red profesional, lo que puede resultar en nuevas ideas y soluciones innovadoras que beneficien a la empresa (Hacker et al., 2019).

Impacto en la Retención de Talento

Además de mejorar la competencia técnica, la capacitación continua juega un papel crucial en la retención del talento. Según un informe de Gallup (2017), las oportunidades de desarrollo profesional son una de las razones más importantes por las que los empleados deciden quedarse en una empresa. Al ofrecer programas de capacitación que les permitan crecer y desarrollarse, las organizaciones no solo mejoran las habilidades de su personal, sino que también incrementan el nivel de satisfacción y compromiso. En este sentido, invertir en el desarrollo de las competencias de los empleados contribuye a una mayor lealtad y a una menor rotación de personal, lo que reduce los costos asociados con el reclutamiento y la formación de nuevos empleados.

Fomento de la Innovación Abierta

Las empresas pueden obtener beneficios sustanciales al adoptar enfoques de innovación abierta, donde colaboran con startups, universidades e instituciones de investigación para desarrollar nuevas soluciones tecnológicas. Este modelo de innovación no solo amplía el acceso a conocimientos especializados, sino que también acelera el proceso de desarrollo de nuevas soluciones y productos. Según Chesbrough (2003), la innovación abierta permite a las organizaciones aprovechar tanto el conocimiento interno como el externo, lo que puede reducir el tiempo de desarrollo de nuevos productos y aumentar la competitividad. Además, fomenta una mayor colaboración entre actores externos e internos, lo que amplía el horizonte de oportunidades y mejora las capacidades organizacionales para adaptarse a los cambios tecnológicos.

El enfoque de innovación abierta es particularmente relevante en industrias de alta
tecnología y en sectores que enfrentan una rápida evolución, como la ingeniería en sistemas. Al
colaborar con fuentes externas de conocimiento, como startups y universidades, las empresas
pueden incorporar nuevas perspectivas y enfoques disruptivos que podrían no surgir dentro de
las estructuras tradicionales de investigación y desarrollo corporativas (Vanhaverbeke, 2017).
Esta cooperación puede resultar en desarrollos innovadores, la mejora de productos existentes, e
incluso en la creación de nuevos modelos de negocio que responden mejor a las demandas
cambiantes del mercado.

Colaboración con Universidades y Centros de Investigación

Un ejemplo de cómo las empresas pueden beneficiarse de la innovación abierta es colaborar con
universidades locales y centros de investigación para realizar investigaciones conjuntas sobre
nuevas tecnologías. Estas colaboraciones pueden generar desarrollos innovadores que tienen
aplicaciones directas en el contexto industrial. Según Perkmann et al. (2013), las universidades
representan una fuente crucial de conocimiento y tienen una gran capacidad para realizar
investigaciones pioneras, mientras que las empresas pueden aportar la experiencia práctica y la
capacidad de implementar nuevas tecnologías a escala industrial. Este tipo de sinergia puede
acelerar el proceso de transferencia tecnológica y permitir que las empresas adapten
rápidamente las innovaciones a sus procesos productivos.

Por ejemplo, una empresa de ingeniería en sistemas que colabore con una universidad
para investigar tecnologías emergentes como la inteligencia artificial aplicada a la
automatización industrial puede beneficiarse del acceso a las últimas investigaciones
académicas y, a su vez, ofrecer a los investigadores un contexto real de aplicación. Este tipo de
colaboración puede resultar en la creación de soluciones tecnológicas avanzadas que no solo
mejoran la eficiencia operativa, sino que también posicionan a la empresa como líder en
innovación dentro de su sector.

Ventajas de la Innovación Abierta para las Empresas

Además de acelerar el proceso innovador, la adopción de la innovación abierta puede reducir los
costos de investigación y desarrollo, así como el riesgo asociado con el lanzamiento de nuevos
productos o tecnologías. Según Laursen y Salter (2006), las empresas que adoptan modelos de
innovación abierta tienen más probabilidades de tener éxito en sus esfuerzos de innovación
debido al acceso a una red más amplia de conocimientos y recursos. Al colaborar con
universidades, startups y otros actores externos, las empresas no solo diversifican sus fuentes de
conocimiento, sino que también aumentan su capacidad para explorar nuevas áreas tecnológicas
que de otro modo podrían haber sido inalcanzables.

La innovación abierta también permite a las empresas identificar y desarrollar soluciones a problemas complejos de manera más eficiente, aprovechando la especialización de los socios externos. Este enfoque colaborativo no solo fomenta la creación de nuevos productos, sino que también puede facilitar la entrada de las empresas en nuevos mercados o la mejora de sus modelos de negocio (Bogers et al., 2019).

Casos Prácticos Relevantes

Caso 1: Implementación Exitosa de IoT

Una empresa líder en fabricación decidió implementar un sistema IoT para mejorar su eficiencia operativa. Al integrar sensores inteligentes a sus líneas de producción, pudieron monitorear el rendimiento en tiempo real y realizar ajustes inmediatos cuando se detectaron anomalías.

Resultados:

- Reducción del tiempo muerto por mantenimiento no programado en un 30%.
- Aumento del rendimiento general del equipo (OEE) del 25%.
- Disminución del consumo energético gracias a un mejor control sobre el uso de maquinaria.

Este caso demuestra cómo superar desafíos tecnológicos mediante una implementación estratégica puede llevar a resultados tangibles significativos.

Caso 2: Estrategia Proactiva ante Amenazas Cibernéticas

Una firma tecnológica implementó un programa integral de ciberseguridad tras experimentar un intento fallido de ataque cibernético. Invirtieron recursos significativos en capacitación del personal sobre mejores prácticas y establecieron protocolos robustos para proteger sus datos sensibles.

Resultados:

- Reducción del riesgo asociado a ataques cibernéticos.

- Mejora sustancial en la confianza del cliente respecto a la protección de datos.

- Establecimiento de una cultura organizacional centrada en la seguridad cibernética.

Este ejemplo ilustra cómo abordar proactivamente los desafíos relacionados con la seguridad puede fortalecer tanto las operaciones internas como la imagen externa ante clientes y socios comerciales.

Capítulo IV

La Sostenibilidad como Pilar de la Ingeniería en Sistemas e Ingeniería Industrial en la Era Digital

La sostenibilidad se ha convertido en un imperativo estratégico para las empresas en el contexto global actual. La presión por reducir los impactos ambientales y cumplir con normativas de emisiones y consumo de recursos naturales es cada vez mayor. En este escenario, las disciplinas de ingeniería en sistemas e ingeniería industrial tienen un papel central en el diseño e implementación de soluciones sostenibles que optimicen los procesos productivos y mejoren la eficiencia operativa. Este capítulo profundiza en cómo estas dos áreas de la ingeniería pueden colaborar eficazmente para afrontar los desafíos ambientales, explorar nuevas oportunidades y crear un futuro industrial más sostenible a través de la digitalización y la integración de tecnologías emergentes.

La Necesidad de Sostenibilidad

El concepto de sostenibilidad ha evolucionado más allá de una mera preocupación ambiental, convirtiéndose en una necesidad estratégica para las empresas que buscan mantenerse competitivas a largo plazo. Según el informe del Panel Intergubernamental sobre Cambio Climático (IPCC, 2021), las industrias deben implementar prácticas que reduzcan significativamente las emisiones de gases de efecto invernadero, optimicen el uso de recursos naturales y promuevan la eficiencia energética. Estos esfuerzos son vitales para mitigar el cambio climático y sus efectos globales, como el aumento de la temperatura global, los fenómenos climáticos extremos y la pérdida de biodiversidad. En este contexto, las industrias deben adaptarse a nuevos paradigmas que integren la sostenibilidad en sus procesos y operaciones.

A medida que los consumidores y las regulaciones gubernamentales exigen mayores estándares de sostenibilidad, las empresas deben transformar sus modelos de negocio para incorporar principios ecológicos en su cadena de valor. Las industrias de manufactura, transporte, energía y otras, han comenzado a considerar la sostenibilidad como una ventaja competitiva y como una forma de mitigar riesgos operacionales y financieros asociados a la no implementación de prácticas ecológicas (Sorrell et al., 2014). La digitalización y el avance de las tecnologías emergentes juegan un papel esencial en esta transición hacia modelos más sostenibles, y la ingeniería en sistemas, junto con la ingeniería industrial, es clave para fomentar estas transformaciones.

Desafíos Ambientales en las Industrias

Las industrias se enfrentan a varios desafíos ambientales críticos que requieren una transformación radical en sus operaciones. Algunos de los más destacados incluyen:

1. **Reducción de Residuos**: Durante los procesos de producción, las industrias generan grandes volúmenes de desechos. Esta realidad no solo afecta negativamente al medio ambiente, sino que también incrementa los costos operativos. Es imperativo que las empresas adopten metodologías para minimizar estos residuos y, en algunos casos, transformarlos en recursos reutilizables. La implementación de estrategias como el reciclaje, la economía circular y el "zero waste" (cero residuos) es fundamental para garantizar una mayor sostenibilidad en los procesos productivos (Kumar & Rahman, 2018).

2. **Consumo Energético**: El alto consumo de energía es otro de los mayores desafíos para la sostenibilidad industrial. Las industrias de manufactura y transporte, por ejemplo, dependen en gran medida de fuentes de energía no renovables, lo que contribuye al agotamiento de recursos naturales y aumenta las emisiones de gases contaminantes. La adopción de tecnologías que optimicen el consumo energético, como la automatización inteligente y los sistemas de gestión energética, puede resultar en una reducción significativa de las emisiones y en ahorros sustanciales en costos operativos (Sorrell et al., 2014).

3. **Cadena Sostenible**: Establecer cadenas logísticas sostenibles que involucren a proveedores, fabricantes y distribuidores es un desafío importante, ya que cada eslabón de la cadena debe trabajar de manera coordinada para cumplir con los objetivos ambientales. Las tecnologías digitales, como las plataformas en la nube y las aplicaciones de IoT (Internet de las Cosas), pueden proporcionar visibilidad y control a lo largo de toda la cadena de suministro, asegurando que los materiales y productos se manejen de manera eficiente y sostenible (Kumar et al., 2018).

Sinergias entre Ingeniería Industrial e Ingeniería en Sistemas

La integración de la ingeniería industrial y la ingeniería en sistemas ofrece un enfoque integral para abordar los desafíos de sostenibilidad. Ambas disciplinas, al trabajar juntas, pueden desarrollar soluciones innovadoras y eficaces para mejorar la eficiencia operativa y minimizar el impacto ambiental. Entre las sinergias clave que existen entre estas dos ramas de la ingeniería se encuentran:

Optimización Ecológica

Uno de los principios fundamentales de la ingeniería industrial es la **optimización de procesos**, especialmente en términos de recursos, tiempo y materiales. Aplicando metodologías como **Lean Manufacturing** (producción sin desperdicio) y **Six Sigma**, los ingenieros industriales pueden reducir el desperdicio y mejorar la eficiencia operativa. Estas prácticas se centran en eliminar actividades que no agregan valor y en maximizar el uso de los recursos, lo que tiene un impacto positivo tanto en la reducción de costos como en la disminución de residuos (Womack & Jones, 2003).

Los ingenieros en sistemas juegan un papel igualmente importante al desarrollar software y plataformas tecnológicas que integren análisis avanzados de datos. Mediante el uso de **Big Data**, es posible analizar los patrones de consumo energético en tiempo real, identificar áreas de mejora y proponer soluciones que optimicen el uso de recursos. Además, los sistemas inteligentes pueden integrar dispositivos IoT para recolectar datos sobre el consumo energético y las emisiones de CO_2 en las fábricas y plantas de producción, lo que permite realizar ajustes automáticos para reducir el impacto ambiental sin comprometer la productividad (Chen et al., 2014).

Ejemplo: El uso de sensores IoT en la producción de energía permite la monitorización en tiempo real de los equipos y las instalaciones, lo que mejora la capacidad de predecir fallos o el consumo innecesario de energía. Esto puede ser utilizado para ajustar los procesos y reducir el consumo energético sin afectar la eficiencia o la calidad del producto.

Innovaciones Tecnológicas Sostenibles

La adopción de tecnologías avanzadas, como **Big Data, IoT** e **Inteligencia Artificial (IA)**, representa una de las formas más efectivas para hacer avanzar la sostenibilidad industrial. Estas tecnologías permiten monitorear, analizar y optimizar los recursos de manera más eficiente:

1.　　**Big Data Aplicado a Sostenibilidad**: Las herramientas de análisis de Big Data permiten evaluar patrones históricos relacionados con el consumo energético y la generación de residuos. Los sistemas de análisis predictivo pueden identificar tendencias y comportamientos futuros, ayudando a las empresas a implementar prácticas proactivas para reducir su impacto ambiental. Un ejemplo es el uso de modelos predictivos para ajustar la producción en función de la demanda y el uso de energía, reduciendo tanto los costos operativos como las emisiones (Chen et al., 2014).

2.	**IoT como Herramienta Verde**: Los sensores IoT pueden ser implementados para monitorear no solo el consumo energético, sino también las condiciones ambientales en las fábricas, como la calidad del aire o los niveles de emisiones de CO2. Estos sensores proporcionan datos en tiempo real, lo que permite realizar ajustes automáticos para reducir las emisiones y optimizar el uso de energía, creando una operación más limpia y eficiente (Wortmann & Flüchter, 2015).

3.	**Inteligencia Artificial para la Optimización Logística**: Los algoritmos de IA son capaces de predecir patrones de demanda y ajustar las rutas de transporte en tiempo real para optimizar el uso de combustible y reducir las emisiones asociadas con el transporte de productos. Además, los sistemas de IA pueden mejorar la eficiencia general de las cadenas de suministro al identificar oportunidades para reducir distancias recorridas, tiempos de espera y costos operativos (Nguyen et al., 2020).

Casos Prácticos Relevantes

Caso 1: Fábrica Ecológica

Una empresa textil que implementó prácticas de sostenibilidad utilizando una combinación de lean manufacturing y tecnologías IoT experimentó resultados notables. La instalación de sensores en equipos clave permitió monitorear el consumo energético y las emisiones de CO2 en tiempo real. Paralelamente, se implementó un mapeo del flujo de valor, que identificó áreas de producción donde se generaban residuos innecesarios. Como resultado, la empresa logró reducir los desechos hasta en un 40% y los costos operativos se redujeron significativamente (Kumar et al., 2018). Este ejemplo demuestra cómo la integración de tecnologías avanzadas y principios industriales puede generar un impacto económico y ambiental positivo.

Caso 2: Logística Sostenible

Una empresa global de distribución utilizó algoritmos de IA para optimizar su cadena logística. Los algoritmos fueron capaces de predecir la demanda de productos, lo que permitió ajustar las rutas de transporte en tiempo real. Este enfoque no solo mejoró la eficiencia operativa, sino que también redujo las emisiones de CO2 en un 30%. Además, la implementación de estas tecnologías mejoró la satisfacción del cliente al ofrecer entregas más rápidas y ajustadas a las necesidades específicas del consumidor (Pan et al., 2019).

Referencias

Foro Económico Mundial (2020). The Future of Jobs Report 2020. Recuperado de WEF.

Euroinnova (n.d.). Ingeniería en Sistemas Productivos. Recuperado de Euroinnova.

Universidad El Bosque (n.d.). ¿Por qué estudiar Ingeniería de Producción Industrial? Recuperado de Unibosque.

Universidad Politécnica de Madrid (n.d.). Productividad industrial - Ingeniería de Fabricación. Recuperado de UPM.

UCEM (n.d.). Ingeniería Industrial. Recuperado de UCEM.

Jeschke, S., Brecher, C., Song, H., & Rawat, D. B. (2017). Industrial internet of things: Cybermanufacturing systems. Springer.

Kiel, D., Müller, J. M., Arnold, C., & Voigt, K. I. (2017). Sustainable industrial value creation: Benefits and challenges of industry 4.0. International Journal of Innovation Management, 21(8), 1740015.

Lee, J., Bagheri, B., & Kao, H. A. (2015). A cyber-physical systems architecture for industry 4.0-based manufacturing systems. Manufacturing Letters, 3, 18-23.

Reinhart, G., & Gausemeier, J. (2018). Adaptive production planning and control in cyber-physical production systems. Procedia CIRP, 72, 335-340.

Xu, L., & Duan, Y. (2019). Industrial big data and industry 4.0 applications. Engineering, 5(6), 10-17.

Zhong, R. Y., Xu, X., Klotz, E., & Newman, S. T. (2017). Intelligent manufacturing in the context of industry 4.0: A review. Engineering, 3(5), 616-630.

Chen, M., Mao, S., & Liu, Y. (2014). Big data: A survey. Mobile Networks and Applications, 19(2), 171-209.

Davenport, T. H., & Harris, J. G. (2017). Competing on analytics: The new science of winning. Harvard Business Review Press.

Nguyen, T. D., Sidorova, A., & Saunders, C. S. (2020). A theoretical model of AI technologies adoption in supply chain management. Journal of Business Logistics, 41(3), 252-270.

Pan, S., Ballot, E., Huang, G. Q., & Montreuil, B. (2019). Physical internet and

interconnected logistics services: Research and applications. Transportation

Research Part E: Logistics and Transportation Review, 119, 1-5.

Wortmann, F., & Flüchter, K. (2015). Internet of things: Technology and value added.

Business & Information Systems Engineering, 57(3), 221-224.

Blanchard, B. S., & Fabrycky, W. J. (2010). Systems Engineering and Analysis (5th ed.).

Pearson.

Davenport, T. H., & Harris, J. G. (2017). Competing on Analytics: The New Science of

Winning. Harvard Business Review Press.

Gunasekaran, A., & Ngai, E. W. T. (2004). Information systems in supply chain

integration and management. European Journal of Operational Research,

159(2), 269–295.

Laudon, K. C., & Laudon, J. P. (2020). Management Information Systems: Managing

the Digital Firm (16th ed.). Pearson.

McAfee, A., & Brynjolfsson, E. (2012). Big data: The management revolution. Harvard

Business Review, 90(10), 60–68.

Monk, E., & Wagner, B. (2013). Concepts in Enterprise Resource Planning (4th ed.).

Cengage Learning.

Sage, A. P., & Rouse, W. B. (2009). Handbook of Systems Engineering and

Management. Wiley.

Buer, S.-V., Strandhagen, J. O., & Chan, F. T. S. (2018). The link between Industry 4.0

and lean manufacturing: Mapping current research and establishing a research

agenda. International Journal of Production Research, 56(8), 2924-2940.

Deloitte. (2018). Industry 4.0: Are you ready?. Deloitte Insights.

Kagermann, H., Wahlster, W., & Helbig, J. (2013). Securing the future of German manufacturing industry: Recommendations for implementing the strategic initiative Industrie 4.0. Final report of the Industrie 4.0 Working Group.

Lee, J., Bagheri, B., & Kao, H. A. (2015). A cyber-physical systems architecture for Industry 4.0-based manufacturing systems. Manufacturing Letters, 3, 18-23.

PwC. (2016). Industry 4.0: Building the digital enterprise. PwC Industry 4.0 Survey.

Rüßmann, M., Lorenz, M., Gerbert, P., Waldner, M., Justus, J., Engel, P., & Harnisch, M. (2015). Industry 4.0: The future of productivity and growth in manufacturing industries. Boston Consulting Group.

Schwab, K. (2017). The Fourth Industrial Revolution. Penguin Random House.

Sommer, L. (2015). Industrial revolution - Industry 4.0: Are German manufacturing SMEs the first victims of this revolution? Journal of Industrial Engineering and Management, 8(5), 1512-1532.

Buer, S.-V., Strandhagen, J. O., & Chan, F. T. S. (2018). The link between Industry 4.0 and lean manufacturing: Mapping current research and establishing a research agenda. International Journal of Production Research, 56(8), 2924-2940.

Davenport, T. H., & Harris, J. G. (2017). Competing on Analytics: The New Science of Winning. Harvard Business Review Press.

Laudon, K. C., & Laudon, J. P. (2020). Management Information Systems: Managing the Digital Firm (16th ed.). Pearson.

Lee, J., Bagheri, B., & Kao, H. A. (2015). A cyber-physical systems architecture for Industry 4.0-based manufacturing systems. Manufacturing Letters, 3, 18-23.

Monk, E., & Wagner, B. (2013). Concepts in Enterprise Resource Planning (4th ed.). Cengage Learning.

Schwab, K. (2017). The Fourth Industrial Revolution. Penguin Random House.

Snee, R. D., & Hoerl, R. W. (2005). *Six Sigma: Beyond the Factory Floor: Deployment Strategies for Financial Services, Health Care, and the Rest of the Real Economy. Pearson Education.*

Womack, J. P., & Jones, D. T. (2003). *Lean Thinking: Banish Waste and Create Wealth in Your Corporation (2nd ed.). Free Press*

Deloitte. (2018). *Industry 4.0: Are you ready?. Deloitte Insights.*

Frey, C. B., & Osborne, M. A. (2017). *The future of employment: How susceptible are jobs to computerisation? Technological Forecasting and Social Change, 114, 254-280.*

Gartner. (2020). *Top Strategic Technology Trends for 2020. Gartner, Inc.*

O'Reilly, C. A., & Tushman, M. L. (2016). *Lead and disrupt: How to solve the innovator's dilemma. Stanford University Press.*

Porter, M. E., & Heppelmann, J. E. (2015). *How smart, connected products are transforming companies. Harvard Business Review, 93(10), 96-114.*

Schmidt, R., Möhring, M., Härting, R.-C., Reichstein, C., Neumaier, P., & Jozinović, P. (2020). *Industry 4.0–potentials for creating smart products: Empirical research results. In Business Information Systems (pp. 16-27). Springer, Cham.*

Schwab, K. (2017). *The Fourth Industrial Revolution. Penguin Random House*

Chui, M., Manyika, J., & Miremadi, M. (2018). *What AI can and can't do (yet) for your business. McKinsey & Company.*

Davenport, T. H. (2014). *Big Data at Work: Dispelling the Myths, Uncovering the Opportunities. Harvard Business Review Press.*

Gilchrist, A. (2016). *Industry 4.0: The Industrial Internet of Things. Apress.*

Lee, J., Bagheri, B., & Kao, H. A. (2015). *A cyber-physical systems architecture for Industry 4.0-based manufacturing systems. Manufacturing Letters, 3, 18-23.*

McAfee, A., & Brynjolfsson, E. (2012). Big Data: The Management Revolution. Harvard Business Review, 90(10), 60-68.

Porter, M. E., & Heppelmann, J. E. (2015). How smart, connected products are transforming companies. Harvard Business Review, 93(10), 96-114.

Russell, S., & Norvig, P. (2020). Artificial Intelligence: A Modern Approach (4th ed.). Pearson.

Schwab, K. (2017). The Fourth Industrial Revolution. Penguin Random House.

Bharadwaj, A., El Sawy, O. A., Pavlou, P. A., & Venkatraman, N. (2013). Digital business strategy: Toward a next generation of insights. MIS Quarterly, 37(2), 471-482.

Davenport, T. H. (2014). Big Data at Work: Dispelling the Myths, Uncovering the Opportunities. Harvard Business Review Press.

Deloitte. (2018). Industry 4.0: Are you ready?. Deloitte Insights.

Frey, C. B., & Osborne, M. A. (2017). The future of employment: How susceptible are jobs to computerisation? Technological Forecasting and Social Change, 114, 254-280.

Gartner. (2020). Top Strategic Technology Trends for 2020. Gartner, Inc.

Porter, M. E., & Heppelmann, J. E. (2015). How smart, connected products are transforming companies. Harvard Business Review, 93(10), 96-114.

Russell, S., & Norvig, P. (2020). Artificial Intelligence: A Modern Approach (4th ed.). Pearson.

Schwab, K. (2017). The Fourth Industrial Revolution. Penguin Random House.

Shrouf, F., Ordieres, J., & Miragliotta, G. (2014). Smart factories in Industry 4.0: A review of the concept and of energy management approached in production *based on IoT technology. In 2014 IEEE International Conference on Industrial Engineering and Engineering Management (pp. 697-701). IEEE.*

Bharadwaj, A., El Sawy, O. A., Pavlou, P. A., & Venkatraman, N. (2013). Digital business strategy: Toward a next generation of insights. MIS Quarterly, 37(2), 471-482.

Davenport, T. H. (2014). Big Data at Work: Dispelling the Myths, Uncovering the Opportunities. Harvard Business Review Press.

Gartner. (2020). Top Strategic Technology Trends for 2020. Gartner, Inc.

Lee, J., Bagheri, B., & Kao, H. A. (2015). A cyber-physical systems architecture for Industry 4.0-based manufacturing systems. Manufacturing Letters, 3, 18-23.

McKinsey & Company. (2018). Unlocking success in digital transformations. McKinsey Global Institute.

Porter, M. E., & Heppelmann, J. E. (2015). How smart, connected products are transforming companies. Harvard Business Review, 93(10), 96-114.

Agencia de la Unión Europea para la Ciberseguridad (ENISA). (2018). Good practices for security of IoT in the context of smart manufacturing. ENISA.

Gartner. (2020). Top Strategic Technology Trends for 2020. Gartner, Inc.

Humayed, A., Lin, J., Li, F., & Luo, B. (2017). Cyber-physical systems security—A survey. IEEE Internet of Things Journal, 4(6), 1802-1831.

Karnouskos, S. (2017). Stuxnet worm impact on industrial cyber-physical system security. In Proceedings of the 37th International Conference on Computers and Industrial Engineering (pp. 121-130).

Lee, J., Bagheri, B., & Kao, H. A. (2015). A cyber-physical systems architecture for

Industry 4.0-based manufacturing systems. Manufacturing Letters, 3, 18-23.

Stouffer, K., Pillitteri, V., Lightman, S., Abrams, M., & Hahn, A. (2015). Guide to

Industrial Control Systems (ICS) Security. National Institute of Standards and

Technology.

Symantec. (2019). Internet Security Threat Report. Symantec Corporation

Accenture. (2017). Reworking the revolution: Are you ready to compete as digital

accelerates? Accenture.

Brynjolfsson, E., & McAfee, A. (2014). The Second Machine Age: Work, Progress, and

Prosperity in a Time of Brilliant Technologies. W. W. Norton & Company.

Chesbrough, H. (2010). Open Business Models: How to Thrive in the New Innovation

Landscape. Harvard Business Press.

Daugherty, P. R., Hamilton, M. J., & Kruschwitz, N. (2019). The future of industrial

work: What's next? MIT Sloan Management Review.

McKinsey & Company. (2020). The future of work in technology: How automation will

impact your industry. McKinsey Global Institute.

Westerman, G., Bonnet, D., Ferraris, P., & Hsuan, J. (2014). The digital advantage:

How digital leaders outperform their peers in every industry. MIT Sloan

Management Review

Brynjolfsson, E., & McAfee, A. (2014). The Second Machine Age: Work, Progress, and

Prosperity in a Time of Brilliant Technologies. W. W. Norton & Company.

Chong, A. Y. L., Chan, F. T. S., & Ooi, K. B. (2017). Predicting the drivers of the

integration of artificial intelligence (AI) with ERP systems: A multiple case

study approach. International Journal of Production Economics, 193, 98-108.

Davenport, T. H., & Ronanki, R. (2018). Artificial intelligence for the real world. Harvard Business Review, 96(1), 108-116.

Gartner. (2020). Top Strategic Technology Trends for 2020. Gartner, Inc.

McKinsey & Company. (2020). The future of work in technology: How automation will impact your industry. McKinsey Global Institute.

Westerman, G., Bonnet, D., Ferraris, P., & Hsuan, J. (2014). The digital advantage: How digital leaders outperform their peers in every industry. MIT Sloan Management Review.

Davenport, T. H., & Harris, J. G. (2007). Competing on Analytics: The New Science of Winning. Harvard Business Press.

Gartner. (2019). Data and analytics leaders must shift their focus from technology to business value. Gartner, Inc.

McKinsey & Company. (2020). The future of work in technology: How automation will impact your industry. McKinsey Global Institute.

Westerman, G., Bonnet, D., Ferraris, P., & Hsuan, J. (2014). The digital advantage: How digital leaders outperform their peers in every industry. MIT Sloan Management Review.

Davenport, T. H., & Westerman, G. (2018). How big data is changing the way businesses compete. Harvard Business Review, 96(1), 1-10.

Gartner. (2020). How to evaluate and select certifications for your technology workforce. Gartner, Inc.

Guestrin, C., Salakhutdinov, R., & Koller, D. (2018). The principles of machine learning. MIT Press.

LinkedIn. (2020). The LinkedIn 2020 Workforce Learning Report. LinkedIn Learning.

McKinsey & Company. (2020). *The future of work in technology: How automation will impact your industry. McKinsey Global Institute.*

Davenport, T. H., & Westerman, G. (2018). *How big data is changing the way businesses compete. Harvard Business Review, 96(1), 1-10.*

Gartner. (2020). *How to evaluate and select certifications for your technology workforce. Gartner, Inc.*

Guestrin, C., Salakhutdinov, R., & Koller, D. (2018). *The principles of machine learning. MIT Press.*

LinkedIn. (2020). *The LinkedIn 2020 Workforce Learning Report. LinkedIn Learning.*

McKinsey & Company. (2020). *The future of work in technology: How automation will impact your industry. McKinsey Global Institute.*

Bersin, J. (2018). *The rise of the digital HR ecosystem. Deloitte Insights.*

Capelli, P. (2017). *Talent management in the digital age. Harvard Business Review, 95(5), 24-30.*

Gallup. (2017). *State of the American workplace: Employee engagement insights for U.S. business leaders. Gallup, Inc.*

Hacker, S., Kuckertz, A., & Muñoz, P. (2019). *The impact of continuing education and training on innovation in the workplace. Springer.*

PwC. (2020). *Workforce of the future: The competing forces shaping 2030. PwC*

Bogers, M., Foss, N. J., & Lyngsie, J. (2019). *The open innovation research landscape: Established perspectives and emerging trends. Industry and Innovation, 26(3), 1-24.*

Chesbrough, H. (2003). *The era of open innovation. MIT Sloan Management Review, 44(3), 35-41.*

Laursen, K., & Salter, A. (2006). Open for innovation: The role of external sources of knowledge in industrial R&D. Strategic Management Journal, 27(2), 131-156.

Perkmann, M., King, Z., & Pavelin, S. (2013). Engaging with universities: The impact of university–industry linkages on regional innovation. Research Policy, 42(3), 424-438.

Vanhaverbeke, W. (2017). The open innovation paradox: What can we learn from the success and failure of open innovation? Springer.

Chen, M., Mao, S., & Liu, Y. (2014). Big Data: A New Opportunity for the Manufacturing Industry. Journal of Manufacturing Science and Engineering, 136(6), 061013.

Kumar, V., Singh, R., & Singh, A. (2018). Lean Manufacturing: A Review of Its Applications in the Textile Industry. International Journal of Textile and Fashion Technology, 8(2), 1-10.

Nguyen, T., Simkin, L., & Canhoto, A. (2020). The Role of Artificial Intelligence in Logistics and Supply Chain Management: A Review and Future Research Directions. International Journal of Logistics Research and Applications, 23(3), 1-20.

Pan, S.J., & Yang, Q. (2019). A Survey on Transfer Learning. IEEE Transactions on Knowledge and Data Engineering, 22(10), 1345–1359.

Wortmann, F., & Flüchter, K. (2015). Internet of Things: Smart Products and Smart Production. Springer.

Womack, J.P., & Jones, D.T. (2003). Lean Thinking: Banish Waste and Create Wealth in Your Corporation. Simon & Schuster.

Printed by Books on Demand GmbH, Norderstedt / Germany